Garden landscape
Detail
Design - 2

U0248462

庭院细部元素设计
花池、围栏、大门、假山、绿化带

②

中国林业出版社
China Forestry Publishing House

图书在版编目（CIP）数据

庭院细部元素设计.②，花池、围栏、大门、假山、绿化带 /《庭院细部元素设计》编委会编.
—— 北京：中国林业出版社，2016.5

ISBN 978-7-5038-8501-3

Ⅰ.①庭… Ⅱ.①庭… Ⅲ.①庭院 – 景观设计 Ⅳ.① TU986.4

中国版本图书馆 CIP 数据核字 (2016) 第 078637 号

《庭院细部元素设计》编委会

◎ 编委会成员名单
主　　编：董　君
编写成员：董　君　李晓娟　曾　勇　梁怡婷　贾　濛　李通宇　姚美慧
　　　　　刘　丹　张　欣　钱　瑾　翟继祥　王与娟　李艳君　温国兴
　　　　　黄京娜　罗国华　夏　茜　张　敏　滕德会　周英桂　李伟进
◎ 特别鸣谢：北京吉典博图文化传播有限公司

中国林业出版社 · 建筑与家居出版中心

责任编辑：纪　亮　王思源
联系电话：010-8314 3518

出版：中国林业出版社
　　　（100009 北京西城区德内大街刘海胡同 7 号）
http://lycb.forestry.gov.cn/
E-mail：cfphz@public.bta.net.cn
电话：（010）8314 3518
发行：中国林业出版社
印刷：北京利丰雅高长城印刷有限公司
版次：2016 年 6 月第 1 版
印次：2016 年 6 月第 1 次
开本：235mm×235mm 1/12
印张：16
字数：200 千字
定价：99.00 元

鸣谢
因稿件繁多内容多样，书中部分作品无法及时联系到作者，请作者通过编辑部与主编联系获取样书，并在此表示感谢。

目 录 2
CONTENTS

花池

　　庭院的意义在于居住者对它所提供的生活方式的认同，在于它所带来的院落"能指"（居住环境）和"所指"（居住者的生活方式、社会交往方式）的和谐关系，而此代码在现代集合住宅中的被扭曲和遗忘引发了居民对院落中亲密的邻里关系的怀念。

　　庭院作为人为的自然空间，它将自然和人工相结合起来，让人产生一种回归自然的向往。庭院中往往常采用小巧、精致的手法，设置植物、院路、亭廊、假山、雕塑、水池等，既表现出个性化的特点，同时给人们带来自然美、人工美的艺术享受。

Agnatus eiumendae voluptamusa custet et demporeribus minverchil mi, unte magnit eum et que doloreh enihili quaspe vendi ium nume sum vita doloria nosam as utendi te solori beribus pa consequi idias maiorem porestiis exerendias as es ut volupit, el earum labo. Itatemp orerenes ipsunt, simusap idustenet explacea et.
con rat doluptatus arum et que plit occum et iunt quam, voluptia parcius dollect aturehentum abo. Neque voluptas seque sam, qui opta volorib ernate lat latem eumet la quis qui ut arit, am reperates dolore.

1.Berlin−VISITOR
2.Island Modern, Key West, FL
3.IMG_7326
4,IMG_7351
5.Manhattan Roof Terrace, New York, New York
6，7.Lima−绿意来袭
8.Madrid−欧·德尼尔街疗养院花园−0906 cd
jardin odonell 019SATURADA

1.Naples－前卷烟厂场重建－MCA_RAM_boulevard public space
2，3.白香果
4.Private Residence, San Francisco, California
5，6.北京－燕西台

1.北京-翠湖——教授的乐园
2-4.北京-低碳住家——北京褐石公寓改造设计
5，6.北京-龙湾别墅和院
7，8.北京 - 纳帕尔湾

1.碧湖山庄
2.北京-泰禾运河岸上的院子
3.北京-燕西台
4，5.成都-玉都别墅庭园
6，7.大湖山庄

1-3.大湖山庄
4.德国巴伐利亚州-伯格豪森的巴伐利亚州园林展－城市公园
5，6.德国慕尼黑-巴伐利亚国家博物馆
7.帝景天成坡地别墅

1.都柏林－诺曼底－NORMANDIE. Design by Hugh Ryan. Photo by H Ryan
2.俄勒冈州俄勒冈市－乔恩斯托姆公园
3.法国里昂－花之光
4.芭堤雅希尔顿酒店
5.广州－金碧花园
6.广东省广州市－力迅·上筑
7.广州－汇景新城别墅

1，2.加利福尼亚－特伦顿大道
3，4.红木林别墅花园nEO
5-7.金碧湖畔6号
8.旧金山－私人住宅

1，2.加利福尼亚-特伦顿大道
3.广州-南景圆
4.加利福尼亚圣塔莫妮卡-Euclid Park
5.帝景天成坡地别墅
6，7.都柏林-倾斜空间
8.东方普罗旺斯（欧式）
9.帝景天成坡地别墅
10.都柏林-诺曼底-NORMANDIE. Design by Hugh Ryan. Photo by H Ryan

1-3.洛杉矶－南加州大学医学中心
4.梦归地中海
5.君临5栋
6.洛杉矶－南加州大学医学中心
7.美国波特兰–街区
8.墨西哥墨西哥城–Radial Garden Mexico Historical
Center

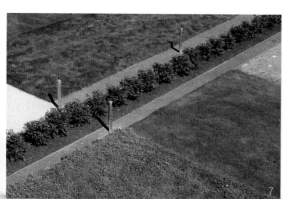

1-3.慕尼黑-施瓦宾花园城市
4.盘龙城
5.南京－复地朗香别墅区
6.上海－绿洲江南
7，8.上海－兰乔圣菲

1-3.上海市 – 圣安德鲁斯庄园
4.上海 – 兰乔圣菲
5，6.上海市 – 汤臣高尔夫别墅
7.上海市 – 新律花园

1.上海－万科深蓝
2-4.上海－田园别墅花园
5-7.上海－万科深蓝

1.上海－万科深蓝
2.上海－万科燕南园
3.上海－西郊大公馆
4.上海－小别墅
5.上海－夏州花园
6-8.上海－新律花园
9.上海－银都名墅别墅花园

1，2.天籁园22号
3.台湾－茂顺生活会馆
4.佘山－高尔夫别墅花园
5.天籁园22号

1-3.万科-金域华府
4.万成华府
5.五栋大楼屋顶花园
6，7.五溪御龙湾

1-3.五溪御龙湾
4.新太阳国际养生城
5.雪梨澳乡别墅庭院
6.雅居乐私家花园
7.亚利桑那州－梅萨艺术中心

1.亚利桑那州－梅萨艺术中心
2.亚利桑那州－石英山居所
3-5.阳光九九造园
6.易郡v20090708021
7.依云听香阁后花园
8.云间绿大地

1，2.云间绿大地
3-5.竹怡居

1.金碧湖畔6号
2.钻石提格公园

围栏

　　庭院的意义在于居住者对它所提供的生活方式的认同，在于它所带来的院落"能指"（居住环境）和"所指"（居住者的生活方式、社会交往方式）的和谐关系，而此代码在现代集合住宅中的被扭曲和遗忘引发了居民对院落中亲密的邻里关系的怀念。

　　庭院作为人为的自然空间，它将自然和人工相结合起来，让人产生一种回归自然的向往。庭院中往往常采用小巧、精致的手法，设置植物、院路、亭廊、假山、雕塑、水池等，既表现出个性化的特点，同时给人们带来自然美、人工美的艺术享受。

Agnatus eiumendae voluptamusa custet et demporeribus minverchil mi, unte magnit eum et que doloreh enihili quaspe vendi ium nume sum vita doloria nosam as utendi te solori beribus pa consequi idias maiorem porestiis exerendias as es ut volupit, el earum labo. Itatemp orerenes ipsunt, simusap idustenet explacea et.
con rat doluptatus arum et que plit occum et iunt quam, voluptia parcius dollect aturehentum abo. Neque voluptas seque sam, qui opta volorib ernate lat latem eumet la quis qui ut arit, am reperates dolore.

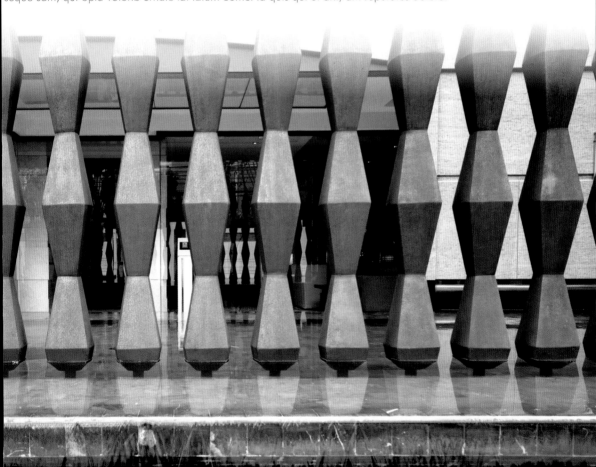

1.MG_6630
2.Aalborg, Denmark-奥尔堡滨水 - 港口与城市连接
3.Barcelona - 蒙锥克公园的新缆车车站 - 2FPoli_TelecabinaMontjuic
4.Adelaide Zoo Giant Panda Forest
5.Cairnlea, Victoria-Cairnlea
6-8.Australia-Adelaide Zoo Entrance Precinct

1.Brumadinho, Brazil Date of Completion-Burle Marx教育中心
2.Celle Ligure－眺望台及铁路改造HVN_ct_04
3.Charleston, USA Date of Completion-查尔斯顿滨水公园
4-6.Expo 2008 Main Building
7.Chicago, Illinois-The Park at Lakeshore East
8.Eugene, Oregon, USA-John E. Jaqua Academic Center for Students Athletes

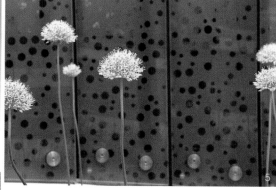

1.Il nuovo Parco di Jean Nouvel a Barcellona
2.New York-南部河畔公园
3.Lee Landscape, Calistoga, CA
4.Malibu Beach House, Malibu, California
5.Linz, Austria-乡村别墅公园和散步广场

1.Rotterdam－医院办公楼景观－Maasstad Hospital 03－light columns by day
2.Melboume－圣基尔达海滨城的交通线IMG_7228
3.Speckman House Landscape, Highland Park, St. Paul, MN
4.Taiwan, China Date of Completion－日月潭观光局管理处
5.Villa H. St. Gilgen
6.Unfolding Terrace, Dumbo, Brooklyn, New York

1.阿尔布兰茨瓦尔德的Delta精神病治疗中心
2，3.澳大利亚悉尼-Bondi 至Bronte 滨海走廊
4.荷兰Getsewoud Zuid-schoolyard and playground
Getsewoud Zuid
5.荷兰海牙-playground Melis Stokepark
6，7.荷兰Vught-Parklaan Zorgpark Voorburg

1.芭堤雅希尔顿酒店
2，3.澳大利亚悉尼-Bondi 至Bronte 滨海走廊
4.澳大利亚悉尼-悉尼5号湿地
5.爱涛漪水园承泽苑16栋
6，7.百家湖
8，9.傍花村温泉度假村

1.鲍恩海滨
2，3.北京-过山车
4.北京－新新家园－庭院澜
5.北京市－西山美墅馆
6.北京市-润泽庄园2
7.北京－纳帕尔湾－7_1

1，2.北京-燕西台
3.北京-御墅临枫
4.财富公馆
5.北悉尼地区-BP公司遗址公园
6.碧桂园

1.大豪山林21号
2.德国 柏林-南"制革厂"岛
3.德国巴伐利亚州-伯格豪森的巴伐利亚州园林展-城市公园
4.佛山－天安鸿基花园－天安L
5，6.德国-柏汉思群岛园
7.俄勒冈州俄勒冈市-乔恩斯托姆公园
8.法国-Mente La-Menta景观设计

1.芙蓉古城
2-5.复地朗香
6.观塘别墅庭院
7.广东东莞-东莞长城世家

1-3.广州-华南碧桂园
4.杭州-城乡一体化进程中的乡土保护
5.河盛城邦
6.荷兰Cuijk-Maaskade Cuijk
7，8.荷兰Getsewoud Zuid-schoolyard and
playground Getsewoud Zuid

1.荷兰阿姆斯特丹-"Meer-park" Amsterdam
2.红木林别墅花园nEO
3.华盛顿-互惠中心屋顶花园
4.荷兰海牙-square Beukplein
5.金爵3号DSC00341
6.旧金山-私人住宅
7.康涅狄格州郊区住宅

1-3.江苏 - 睢宁流云水袖桥
4.加利福尼亚　 - 路那达海湾住宅33-14
5，6.加利福尼亚 - 马里布海岸豪宅162-13
7.金碧湖畔6号

1，2.盘龙城
3，4.兰阿姆斯特丹－public square Columbusplein
5.乐山市－恒邦·翡翠国际社区

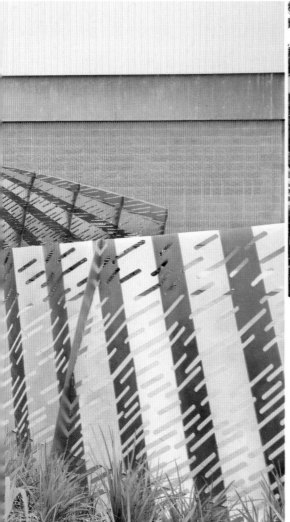

1.伦敦 －现代茶园洋房－Knightsbridge-3
2-4.罗德岛普罗维登斯 –Dunkin Donuts Plaza –
Horizon Garden
5.绿洲千岛花园

1，2.美国俄勒冈–Jon Storm Park
3，4.美国旧金山–Cow Hollow学校操场
5.美国纽约–Carnegie Hill House
6.明尼阿波利斯－－史拜克曼住宅景观，319_03
7，8.墨尔本－Frankston

1，2.墨尔本－Frankston
3.墨尔本-儿童艺术游乐园
4.南海市民广场和千灯湖公园
5，6.南京－复地朗香别墅区

1.纽约-龙门广场州立公园
2，3.墨尔本-儿童艺术游乐园
4.纽约-伸展的平台
5-7.挪威-Gudbrandsjuvet -Viewing platforms &&
bridges

1.纽约－探索中心12-Dopress-CFD-ŏ Alee 08
2.上海－底楼花园
3.上海－丽茵别墅
4-6.挪威-Videseter railings

1.斯塔斯福特
2.上海市－比利华1
3.上海－绿洲江南
4，5.上海市－春天花园
6，7.上海市－大华锦绣

1.上海市-华庭雅居别墅花园
2.上海市-佘山高尔夫夜景
3，4.上海市-华庭雅居别墅花园
5.上海市-环球翡翠湾联排别墅
6.上海-辰山植物园Climbing Plants2
7.上海市-东町庭院

1-5.上海市－汤臣高尔夫别墅
6，7.上海－田园别墅花园
8.上海市－御翠园

1.上海－万科燕南园
2.上海－万科深蓝
3.上海－夏州花园
4，5.上海－万科朗润园
6，7.上海－夏州花园

1，2.上海－夏州花园
3.上海－小别墅5
4.上海－御翠园
5，6.上海－银都名墅别墅花园

1.佘山3009#
2.深圳－万科金域华府
3.斯卡伯勒海滩城市设计规划1、4阶段
4.深圳－SHENZHEN BAY COASTLINE PARK
5.世爵源墅DSCN8474

1-3.泰国曼谷-Prive by Sansiri
4.提香草堂
5.天籁园22号
6.同润加州H
7.天鹅湖

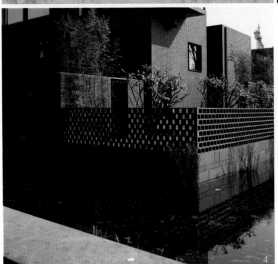

1.同润加州
2.泰国曼谷-Prive by Sansiri
3，4.万科棠樾
5，6.威特市斯博拉茨

5

6

4

1.西安 –世界园艺博览会 – +scape! – flowing gardens – 04
2，3.西安 –世园会之荷兰生态园 – new_nEO
4，5.西郊大公馆107号庭院
6.五溪御龙湾

5

6

1，2.悉尼－海洋生物站公园－CC-19
3.西郊一品
4，5.新奥尔良－植物园"小屋"

1-3.德国巴伐利亚州-德累斯顿动物园 - 长颈鹿园
4.德国柏林-Imchen square Berlin-Kladow
Redesign of square and waterfront promenade
5-7.德国巴伐利亚州-伯格豪森的巴伐利亚州园林
展 - 城市公园

1.新奥尔良-植物园"小屋"
2.香格里拉09
3.雪梨澳乡别墅庭院－vDSC05795
4.新西兰－杰利科北部码头漫步长廊，杰利科大道和
筒仓公园
5.亚利桑那州－理工学院景观__L7C1903
6.依云听香阁后花园
7.易郡20090708052

1.云栖蝶谷DSC_0032
2.Expo 2008 Main Building
3.钻石提格公园
4.竹怡居
5.中山市−中山别墅花园
6.华盛顿−互惠中心屋顶花园

1.尊
2.澳大利亚悉尼-悉尼5号湿地

大门

庭院的意义在于居住者对它所提供的生活方式的认同，在于它所带来的院落"能指"（居住环境）和"所指"（居住者的生活方式、社会交往方式）的和谐关系，而此代码在现代集合住宅中的被扭曲和遗忘引发了居民对院落中亲密的邻里关系的怀念。

庭院作为人为的自然空间，它将自然和人工相结合起来，让人产生一种回归自然的向往。庭院中往往常采用小巧、精致的手法，设置植物、院路、亭廊、假山、雕塑、水池等，既表现出个性化的特点，同时给人们带来自然美、人工美的艺术享受。

Agnatus eiumendae voluptamusa custet et demporeribus minverchil mi, unte magnit eum et que doloreh enihili quaspe vendi ium nume sum vita doloria nosam as utendi te solori beribus pa consequi idias maiorem porestiis exerendias as es ut volupit, el earum labo. Itatemp orerenes ipsunt, simusap idustenet explacea et.
con rat doluptatus arum et que plit occum et iunt quam, voluptia parcius dollect aturehentum abo. Neque voluptas seque sam, qui opta volorib ernate lat latem eumet la quis qui ut arit, am reperates dolore.

1-5.Adelaide Zoo Giant Panda Forest
6.Alameda, USA Date of Completion-海湾船艇公司
7.Anchorage, Alaska, USA-Anchorage Museum
Expansion

1，3，4.Australia-Adelaide Zoo Entrance Precinct
2.Prahova, Romania Date of Completion-Atra
Doftana酒店
5.Connecticut Country House, Westport,
Connecticut
6.Greenwich Residence, Greenwich, Connecticut

1.Prahova, Romania Date of Completion-Atra
Doftana酒店
2.Villengarten Krantz
3.Private ResidenceGarden of Planes, Richmond, VA
4.Tables of Water, Lake Washington, Washington
5.Shreveport－雨花园别墅

1.Woody Creek Garden, Pitkin County, Colorado
2.Washington-2200宾夕法尼亚大道
3.Villengarten Krantz
4.阿尔布兰茨瓦尔德的Delta精神病治疗中心
5.澳大利亚悉尼-Ng别墅花园
6.爱涛漪水园承泽苑16栋
7.白香果

1，2.北京－八达岭下的美式小院
3.百家湖
4.白香果
5，6.北京－京都高尔夫中式别墅

1.北京-龙湾别墅和院
2.北京市－西山美墅馆
3.北京－京都高尔夫中式别墅000949
4.北京-龙湾别墅和院
5.北京市-东方普罗旺斯
6-8.北京-泰禾运河岸上的院子

1.北京-泰禾运河岸上的院子
2.北京-天竺新新家园
3，4.碧湖别墅
5.兵库县-穹顶多功能网球馆
6.波特兰花园72号
7.北京－新新家园－庭院澜1

1.Lunada Bay Residence, Palos Verdes Peninsula, Southern Californi
2.Linz, Austria-乡村别墅公园和散步广场
3.Houston, TX-ConocoPhillips World Headquarters
4.Pamet Valley
5.财富公馆
6.成都温江-翰城应天府
7.成都-玉都别墅庭园
8.成泽园6栋

1，2.东山墅
3.东方普罗旺斯（欧式）
4.城中豪宅
5.德国巴伐利亚02007 Waldkirchen花园展

1.康涅狄格州郊区住宅
2.梦归地中海
3，4.大湖山庄
5-7.佛山－天安鸿基花园

1，2.德国柏林-莫阿比特监狱历史公园
3.复地朗香80-1
4.东山墅
5.复地朗香75-4
6.汇景新城

1

2

3

1.加利福尼亚 – 路那达海湾住宅
2，3.加利福尼亚 – 特伦顿大道
4.加拿大，私人公寓，兰乔圣菲
5.加利福尼亚圣塔莫妮卡 – Euclid Park
6.五栋大楼屋顶花园 – 门头
7.江南华府

1.江西省-爱丁堡二期
2.金碧湖畔6号
3.金爵3号
4.君临5栋_0744
5，6.广州-凤凰城8号
7-9.荷兰海牙-playground Melis Stokepark

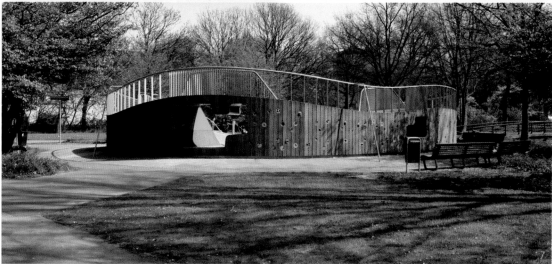

1.大湖山庄
2.上海－玫瑰园
3，4.上海市－大华锦绣
5.上海市－豪嘉府邸别墅花园
6.上海市－圣塔路斯别墅花园

1.上海市 – 汤臣高尔夫别墅
2.上海市 – 月湖山庄假山水景
3.上海市 – 佘山高尔夫夜景
4.上海市 – 月湖山庄假山水景
5.上海市 – 御翠园

1.上海－西郊大公馆
2，3.上海－太原路小别墅
4.佘山－东紫园
5.上海－香溪澜院
6.深圳－万科金域华府－简约线条，时尚艺术
7.上海－汤臣

1.深圳－万科金域华府－小区入口，第一道风景线
2.沈阳市－汇程庭院
3，4.世爵源墅
5.天籁园22号
6，7.万科棠樾

1，2.土耳其-雅勒卡瓦克海滨码头
3.万科朗润园
4.威尔克斯巴里堤防加高河流公地
5.西郊花园
6.西郊一品

1，2.阳光九九造园
3.新南威尔士帕丁顿-PADDINGTON RESERVOIR
GARDENS
4，5.以色列哈尔阿达尔-Har Adar #2住宅
6.易郡20090708059
7.云间绿大地DSCN5943

5

6

7

1.月湖山庄假山水景－月湖山庄假山水景月湖细节
2.银都名墅DPP_35703
3.中国杭州－山湖印别墅

假山

庭院的意义在于居住者对它所提供的生活方式的认同，在于它所带来的院落"能指"（居住环境）和"所指"（居住者的生活方式、社会交往方式）的和谐关系，而此代码在现代集合住宅中的被扭曲和遗忘引发了居民对院落中亲密的邻里关系的怀念。

庭院作为人为的自然空间，它将自然和人工相结合起来，让人产生一种回归自然的向往。庭院中往往常采用小巧、精致的手法，设置植物、院路、亭廊、假山、雕塑、水池等，既表现出个性化的特点，同时给人们带来自然美、人工美的艺术享受。

Agnatus eiumendae voluptamusa custet et demporeribus minverchil mi, unte magnit eum et que doloreh enihili quaspe vendi ium nume sum vita doloria nosam as utendi te solori beribus pa consequi idias maiorem porestiis exerendias as es ut volupit, el earum labo. Itatemp orerenes ipsunt, simusap idustenet explacea et.
con rat doluptatus arum et que plit occum et iunt quam, voluptia parcius dollect aturehentum abo. Neque voluptas seque sam, qui opta volorib ernate lat latem eumet la quis qui ut arit, am reperates dolore.

1-4.Adelaide Zoo Giant Panda Forest
5.Faqra－魔力居所FEJ_9130
6.Adelaide Zoo Giant Panda Forest

1.Madrid RIO
2.Lee Landscape, Calistoga, CA
3.傍花村温泉度假村
4.北京-花石间
5.北京-翠湖——教授的乐园
6，7.北京市-竹溪园

1.北悉尼地区–BP公司遗址公园
2.北京–易郡别墅
3.碧湖别墅
4.成都美景金山
5.成都双流–和贵馨城
6-8.成都–紫檀山

1-4.德国巴伐利亚州-伯格豪森的巴伐利亚州园林
展 - 城市公园
5，6.东莞市-湖景壹号庄园私家庭
7.广州-金碧花园

1-4.荷兰阿姆斯特丹-"Meer-park" Amsterdam
5，6.加拿大多伦多-Sugar Beach
7.绿洲千岛花园ji

1，2.上海－绿洲江南园
3.上海市－汤臣高尔夫别墅
4.君临5栋
5.沁风雅泾28号DSC00562
6.上海市－比华利别墅
7.上海－底楼花园

1-3.上海市-月湖山庄假山水景
4.五溪御龙湾
5.深圳-中海大山地
6.上海-汤臣高尔夫
7.上海-银都名墅-花园
8.台湾商会

1，2.提香别墅
3.武汉－天下别墅
4，5.西郊一品
6.亚洲大酒店

2

1，2.易郡20090708060
3.月湖山庄假山水景－2
4-6.中山市－中山别墅花园

1.棕榈湾
2，3.重庆－梦中天地
4.大豪山林21号

绿化带

　　庭院的意义在于居住者对它所提供的生活方式的认同，在于它所带来的院落"能指"（居住环境）和"所指"（居住者的生活方式、社会交往方式）的和谐关系，而此代码在现代集合住宅中的被扭曲和遗忘引发了居民对院落中亲密的邻里关系的怀念。

　　庭院作为人为的自然空间，它将自然和人工相结合起来，让人产生一种回归自然的向往。庭院中往往常采用小巧、精致的手法，设置植物、院路、亭廊、假山、雕塑、水池等，既表现出个性化的特点，同时给人们带来自然美、人工美的艺术享受。

Agnatus eiumendae voluptamusa custet et demporeribus minverchil mi, unte magnit eum et que doloreh enihili quaspe vendi ium nume sum vita doloria nosam as utendi te solori beribus pa consequi idias maiorem porestiis exerendias as es ut volupit, el earum labo. Itatemp orerenes ipsunt, simusap idustenet explacea et.
con rat doluptatus arum et que plit occum et iunt quam, voluptia parcius dollect aturehentum abo. Neque voluptas seque sam, qui opta volorib ernate lat latem eumet la quis qui ut arit, am reperates dolore.

1，2.Aalborg, Denmark-奥尔堡滨水-港口与城市连接
3，4.Adelaide Zoo Giant Panda Forest
5.Algiers, Algeria Area-Douyna公园
6-8.Anchorage, Alaska, USA-Anchorage Museum Expansion
9.Austin, USA Date of Completion-串联式溪边住宅

1.Austin, USA Date of Completion-串联式溪边住宅
2-5.Australia-Adelaide Zoo Entrance Precinct

1，2.Australia-Adelaide Zoo Entrance Precinct
3.Barcelona, Spain Date of Completion-Tanatorio
Ronda de Dalt花园
4.Brumadinho, Brazil Date of Completion-Burle
Marx教育中心
5，6.Cairnlea, Victoria-Cairnlea
7.Berlin-VISITOR

1.Charleston, USA Date of Completion-查尔斯顿滨水公园
2.Castell D'emporda露天酒店
3.Chicago, Illinois-The Park at Lakeshore East
4，5.Corner of Hay and William Streets, Perth, WA-Wesley Quarter
6.Darwin Waterfront Public Domain

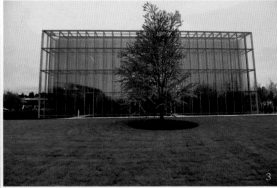

1-3.Eugene, Oregon, USA-John E. Jaqua
Academic Center for Students Athletes
4，5.Groningen－马提尼医院
6.Greenwich Residence, Greenwich, Connecticut
7.Garden in the Silver Moonlight
8.Fredericia - Temporary Park

2

3

4

5

1.Grünewald公共果园
2.Houston, TX-The Brochstein Pavilion
3-5.Hilltop Residence, Seattle, WA

1.Horizon Residence, Venice, California
2.House by the Creek, Dallas, Texas
3，4.Lakeway Drive － In Redevlopment
5.Island Modern, Key West, FL
6.Linz, Austria−乡村别墅公园和散步广场

1-3.Lee Landscape, Calistoga, CA
4.Malibu Beach House, Malibu, California
5，6.Lunada Bay Residence, Palos Verdes
Peninsula, Southern Californi

1-3.Malibu Beach House, Malibu, California
4，5.Malinalco House, Malinalco, State of Mexico, Mexico
6.Manhattan Roof Terrace, New York, New York
7，8.Melboume－圣基尔达海滨城的交通线

1，2.Monterrey, Mexico Date of Completion-钢铁博物馆
3.New York-Beach House, Amagansett
4.PA-323-02
5.Oss, the Netherlands Date of Completion-库肯霍夫街区
6.PA-323-08

1，2.Padaro Lane
3–6.Pamet Valley
7.Private Residence, San Francisco, California

1.Private Residence, San Francisco, California
2–5.Quartz Mountain Residence, Paradise Valley, Arizona
6.RGA Landscape Architects www.rga-pd.com

1-5.RGA Landscape Architects www.rga-pd.com
6.Salvokop, Pretoria, Gauteng-The Freedom Park
7.San Luis Potos í , Mexico Date of Completion-圣路易总体规划
8.Seattle, Washington-奥林匹克雕塑公园

1.Sitges－肯·罗伯特公园02 mirador av sofia
2.Sonoma Vineyard, Glen Ellen, California
3.Shreveport－雨花园别墅
5.Sonoma Vineyard, Glen Ellen, California
6，7.South Africa－University of Johannesburg Arts
Centre

1，2.Speckman House Landscape, Highland Park, St. Paul, MN

3.Urban Play Garden

4，5.The Hague, The Netherlands－park Vlaskamp

6，7.Tolosa (Gip ú zcoa)－Jolastoki (tolosa)

1.Vienna Way Residence, Venice, CA
2–5.Villa H. St. Gilgen

1.Villengarten Krantz
2，3.Wittock Residence
4.阿尔布兰茨瓦尔德的Delta精神病治疗中心
5.阿肯色州小石城-Little Rock Courthouse
6.阿姆斯特丹-辛克尔小岛
7，8.爱尔兰都柏林-登陆

1，2.安徽省-合肥政务文化主题公园
3，4.安斯伯利镇区
5.奥格斯堡Wollmarthof住宅

1.奥格斯堡Wollmarthof住宅
2，3.澳大利亚堪培拉国家紧急救灾服务纪念馆
4.澳大利亚悉尼-Pimelea Play Grounds Western Sydney Parklands
5.澳大利亚悉尼-Ballast Point 公园

1-4.澳大利亚悉尼-悉尼5号湿地
5.芭堤雅希尔顿酒店
6.百家湖

1-3.百家湖
4，5.北京-翠湖——教授的乐园
6.北京-八达岭下的美式小院
7.北京-波特兰

1-3.北京-低碳住家——北京褐石公寓改造设计
4.北京-花石间
5.北京－龙湾ZR8T3053
6.北京-龙湾别墅和院

1-3.北京－纳帕尔湾－2_1
4.北京－润泽庄园
5，6.北京市-竹溪园

1，2.北京市-竹溪园
3.北京市-西山美墅馆
4.北京市-东方普罗旺斯
5，6.北京-泰禾运河岸上的院子
7.北京市-润泽庄园2

5

6

7

1，2.北京-泰禾运河岸上的院子
3.北京-新新家园
4.北京-御墅临枫
5.北京-燕西台
6.碧桂园

1，2.碧桂园
3-6.碧湖别墅
7.滨海湾花园群

1-5.滨海湾花园群

1.碧湖山庄
2，3.波士顿 – 帕梅特谷
4-7.波特兰花园60号

1.波特兰花园72号
2.财富公馆
3-5.成都美景金山
6.成都双流－和贵馨城
7.大豪山林21号

1.成都双流－和贵馨城
2，3.成都－玉都别墅庭园
4-6.成都－紫檀山

1-3.达尔文海滨公共区域
4，5.大湖山庄

1.德国柏林-国家展会（ULAP）广场
2-6.德国巴伐利亚州-德累斯顿动物园‐长颈鹿园
7.德国-柏汉思群岛园

1，2.东莞–峰景高尔夫
3-6.东莞市–湖景壹号庄园私家庭院

1，2.都柏林－倾斜空间－gal 14
3.都柏林－诺曼底－NORMANDIE. Design by Hugh Ryan. Photo by H Ryan
4.翡翠岛
5.RGA Landscape Architects www.rga-pd.com
6.都柏林－诺曼底－NORMANDIE. Design by Hugh Ryan. Photo by H Ryan

2

3

1.德国-柏汉思群岛园
2.德国慕尼黑-巴伐利亚国家博物馆
3.德国柏林-晋城市儿童公园
4，5.德国柏林-Imchen square Berlin-Kladow
Redesign of square and waterfront promenade
6.东方普罗旺斯（欧式）

1，2.佛山－天安鸿基花园
3-6.芙蓉古城
7，8.复地朗香75-4

1-3.复地朗香80-1
4，5.观塘别墅庭院
6.广东东莞-峰景高尔夫

1.广东东莞-峰景高尔夫
2.广东佛山-山水庄园高档别墅花园
3.广东省-美的总部大楼
4.广州-保利国际广场
5，6.广州-凤凰城8号

1-3.韩国首尔-West Seoul Lake Park
4.Malibu Beach House, Malibu, California
5，6.广州-汇景新城别墅

1.Australia-Adelaide Zoo Entrance Precinct
2.河源城区-河源东江·首府花园
3.荷兰阿姆斯特丹-Floriande居住区
4-6.河盛城邦
7，8.荷兰Vught-Parklaan Zorgpark Voorburg

4

1-3.荷兰-解放公园
4-6.湖景壹号别墅庄

5

6

1-7.华南碧桂园燕园
8.加利福尼亚－特伦顿大道

1.加利福尼亚－马里布海岸豪宅162-06
2，3.加利福尼亚－特伦顿大道
4.加利福尼亚－马里布海岸豪宅162-09
5.加利福尼亚 －西亚当斯住宅Gaby Zamora 2
6.加利福尼亚圣塔莫妮卡－Euclid Park
7.加利福尼亚－马里布海岸豪宅162-12

1，2.加拿大，私人公寓，兰乔圣菲
3，4.江南华府
5，7.加拿大魁北克–Canadian Museum of
Civilization Plaza

1.江南华府2
2，3.江苏－睢宁流云水袖桥
4.金碧湖畔6号
5，6.江西－庭院

1-3.金地格林53号
4.金爵3号
5.君临5栋
6.旧金山－私人住宅

1，2.兰桥圣菲91号
3.伦敦 –现代茶园洋房–Knightsbridge–7
4.洛杉矶–维也纳式住宅，加州威尼斯
5，6.绿洲千岛
7.美国波特兰–街区

1，2.美国弗吉尼亚州阿什本市-Aquiary户外展示区
3-5.美国加利福尼亚-PV庄园
6.美国加利福尼亚-特伦顿大道
7.美国康涅狄格-格林威治住宅
8.美国纽约-Carnegie Hill House

1，2.美国纽约-Carnegie Hill House
3，4.美国普罗维登斯-The Steel Yard
5，6.明尼阿波利斯－史拜克曼住宅景观，319_09
7.墨西哥-城市与环境设计事务所

1.墨尔本-儿童艺术游乐园
2，3.墨西哥墨西哥城-Radial Garden Mexico Historical Center
4，5.墨尔本-儿童艺术游乐园
6.墨西哥 – 马里纳尔可住宅136-09
7.墨西哥 – 高科技办公园区 – Tecnoparque Francisco Gez Sosa – 6

1-5.慕尼黑-施瓦宾花园城市

1，2.纽约-龙门广场州立公园
3.挪威阿克斯胡斯-Kjenn市政公园，L，renskog
4，5.纽约 – 魅力都市滨水区
6.南海市民广场和千灯湖公园
7.纽约 – 伸展的平台
8.纽约 – 探索中心01-Dopress-CFD-ơAlee03

1，2.挪威奥斯陆-Pilestredet公园
3.挪威奥斯陆-Rolfsbukta住宅区
4.挪威-南森公园
5.盘龙城
6，7.七宝
8.秦皇岛－海滩修复工程－015-05 board walk-s
9.沁风雅泾28号

1.瑞士-Enea景观设计公司总部
2.上海－兰乔圣菲
3.上海－宝绿园
4，5.上海－别墅花园
6.上海市-比华利别墅
7.上海－绿洲江南园
8.上海市-比利华1
9，10.上海市-比利华2

2

3

1，2.上海-绿城
3-5.上海-绿洲江南园
6.上海-玫瑰园

1.上海－圣安德鲁斯庄园
2.上海市－万科蓝山
3-6.上海市－Sarah的花园
7，8.上海市－比利华1

1.上海市-春天花园
2，3.上海市-大华锦绣华城
4，5.上海市-东町庭院
6，7.上海市-观庭

1，2.上海市-豪嘉府邸别墅花园
3，4.上海市-花语墅
5.上海市-华庭雅居别墅花园

1.上海市-华庭雅居别墅花园
2.上海市-环球翡翠湾联排别墅
3.上海市-佘山高尔夫夜景
4.上海市-金地格林
5，6.上海市－圣塔路斯别墅花园
7-9.上海市-佘山高尔夫夜景
10.上海市-平江路底楼花园

1-3.上海市－汤臣高尔夫别墅
4-6.上海市－万科燕南园
7-9.上海市－御翠园

1，2.上海市-御翠园
3，4.上海市-月湖山庄假山水景
5，6.上海-太原路小别墅

1-3.上海－汤臣
4.上海－万科深蓝
5，6.上海－万科朗润园

1.上海－田园别墅花园
2-6.上海－万科深蓝
7.上海－小别墅15

1，2.上海－小别墅
3.上海－香溪澜院
4.上海－银都名墅别墅花园
5.上海－新律花园
6，7.佘山－3号园

1，2.佘山－东紫园
3.加拿大蒙特利尔–Square Dorchester
4.Fredericia－Temporary Park
5.西郊一品

1-4.佘山－东紫园
5，6.佘山－高尔夫别墅花园－90

1，2.深圳-SHENZHEN BAY COASTLINE PARK
3.深圳－卧式摩天楼
4-7.沈阳市-汇程庭院
8.沈阳-万科金域蓝湾2
9.沈阳-万科新里程

1，2.圣地亚哥-拉卡斯塔格伦社区
3.斯塔斯福特
4，5.世爵源墅DSCN8484
6.斯塔斯福特
7，8.台湾－茂顺生活会馆-03

1.台湾－茂顺生活会馆－室內圍景-04
2，3.台湾－南投农舍别墅－sun green
4-7.泰国曼谷-Prive by Sansiri
8.泰晤士小镇

1.泰晤士小镇
2.唐山－唐人起居
3.提香草堂
4.天鹅湖
5-7.天津－桥园公园

1.同润加州A
2.万科蓝山
3.同润加州
4，5.威特市斯博拉茨
6.威尔克斯巴里堤防加高河流公地
7.威尼斯水城别墅花园PIC_0011

1，2.武汉－天下别墅
3，4.五溪御龙湾
5.西安－世界园艺博览会－+scape!－flowing
gardens－03
6.西班牙圣塞瓦斯蒂安-AITZ TOKI 别墅
7.西安－世园会之荷兰生态园－new_holland garden
8，9.西郊大公馆107号庭院

1.新奥尔良-植物园"小屋"
2.西郊花园
3，4.西郊一品
5，6.悉尼-Pirrama公园
7.悉尼-奥林匹克公园Jacaranda广场
8.新港码头

1.新港码头
2-5.新加坡-City Square Urban Park
6.新太阳国际养生城

1.以色列哈尔阿达尔-Har Adar #2住宅
2-4.意大利卢卡-圣·安娜区公园
5.意大利洛迪-漫步花园
6，7.银都名墅

1.意大利洛迪-漫步花园
2.银都名墅
3-5.云间绿大地
6.云栖蝶谷

1，2.云栖蝶谷
3，4.中山市-中山别墅花园
5，6.重庆-梦中天地
7.尊

4

5

1.RGA Landscape Architects www.rga-pd.com
2.棕榈湾
3，4.钻石提格公园